四川省公路工程技术指南

水泥混凝土桥面铺装技术指南

SCG F31—2010

主编单位：四川省交通厅公路规划勘察设计研究院
参编单位：四川公路桥梁建设集团有限公司
四川雅西高速公路有限责任公司
武汉理工大学
路港集团有限公司
四川省公路工程监理事务所
批准部门：四川省交通运输厅
施行日期：2010年7月1日

西南交通大学出版社
2010·成都

图书在版编目（CIP）数据

水泥混凝土桥面铺装技术指南 / 四川省交通厅公路规划勘察设计研究院主编. —成都：西南交通大学出版社，2010.8

ISBN 978-7-5643-0153-8

Ⅰ. ①水… Ⅱ.①四… Ⅲ. ①钢筋混凝土桥－桥面铺装－指南 Ⅳ. ①U448.333.33-62

中国版本图书馆 CIP 数据核字（2010）第 158542 号

水泥混凝土桥面铺装技术指南

主编　四川省交通厅公路规划勘察设计研究院

责任编辑	张　波
特邀编辑	杨　勇
封面设计	本格设计
出版发行	西南交通大学出版社 （成都二环路北一段 111 号）
发行部电话	028-87600564　028-87600533
邮　编	610031
网　址	http: //press.swjtu.edu.cn
印　刷	成都蜀通印务有限责任公司
成品尺寸	140 mm×203 mm
印　张	2.062 5
字　数	43 千字
版　次	2010 年 8 月第 1 版
印　次	2010 年 8 月第 1 次
书　号	ISBN 978-7-5643-0153-8
定　价	25.00 元

四川省交通运输厅
公　　告

川交科教便〔2010〕61号

关于发布《水泥混凝土桥面铺装技术指南》的公告

各市州交通局、质量技术监督站、厅直各有关单位：

为进一步提高我省公路桥梁桥面铺装技术水平，及时指导工程实践，我厅组织编写了《水泥混凝土桥面铺装技术指南》（SCG F31—2010），作为四川省公路工程技术指南，自2010年7月1日起施行。

《水泥混凝土桥面铺装技术指南》根据四川省公路建设实际情况，结合近几年科研项目研究成果和工程实践编制完成，是四川省公路工程行业推荐性标准，在公路行业内自愿采用。

《水泥混凝土桥面铺装技术指南》由四川省交通厅公路

规划勘察设计研究院主编和解释，请各有关单位在实践中注意积累资料，总结经验，及时将发现的问题和修改意见函告四川省交通厅公路规划勘察设计研究院（四川省成都市武侯祠横街 1 号，邮政编码：610041；联系电话：028-82766537)，以便修订时参考。

特此公告。

四川省交通运输厅

二〇一〇年六月十八日

前　言

水泥混凝土桥面铺装层直接承受车辆轮压的作用，既是保护层，又是受力层，因此，应具有足够的强度、良好的整体性以及抗冲击和耐疲劳的特性，同时，还应具有防水性及温度变化的适应性能。

近年来，高速公路迅猛地向复杂地形地质条件的山区延伸，桥梁占路线总长的比重越来越大；同时，交通流量和超载车辆不断提高，气候条件十分恶劣。因此，直接承受车轮荷载的水泥混凝土桥面铺装面临严峻考验。传统的水泥混凝土桥面铺装结构层，因设计、施工、环境等多种不利因素作用，导致使用短期内，即出现大量裂缝、局部坑槽、角隅破坏、纵横缝啃边等病害，更严重者，由于混凝土配合比设计、混凝土拌和、浇注与养护等技术落后，在混凝土浇注后的早期，就出现大量裂缝，这些病害给行车舒适性、安全性和通行能力造成了严重影响。因此，发展水泥混凝土桥面铺装层技术，对提高混凝土桥面铺装质量，延长桥梁结构使用寿命，提高投资效益，具有重大意义。

本指南是在《山区桥梁水泥混凝土桥面铺装成套技术研究报告》、《桥梁高性能混凝土制备技术研究报告》、《高性能混凝土的研究与应用》等科研项目研究成果基础上，参考相关设计、施工和纤维与焊接钢筋网片等规程、规范，结合众多学者论文等资料，编制完成的。根据水泥混凝土桥面铺装特点，必须从材料、结构构造设计、混凝土配合比试验、施工工艺技术和养护技术等各环节进行改进，才能提高桥面铺装质量。

水泥混凝土材料作为桥面铺装使用历史较长，但在我国没有针对桥梁水泥混凝土桥面铺装技术的规范、规程。根据研究成果，编制指南为设计、施工技术人员提供参考是有益的。我们热诚希望读者在使用指南过程中，不吝提出宝贵意见和建议。希望通过讨论，对一些问题以及一些参数的合理取值再作深入的研究，不断积累资料，为提高桥梁水泥混凝土桥面铺装性能、提高桥梁质量而共同努力。

本指南的形成，得益于四川省交通运输厅、四川雅西高速公路有限责任公司和四川省交通厅公路规划勘察设计研究院、四川公路桥梁建设集团有限公司、武汉理工大学、路港集团有限公司等单位在科研工作上给予的大力支持和资助，也得益于许多单位的精诚合作。在编写过程中得到了武汉理工大学胡曙光教授、西南交通大学赵人达教授、四川省交通厅交通勘察设计研究院咨询部吕隆光教授级高级工程师、四川川交公路工程咨询有限公司谢邦珠教授级高级工程师、四川省交通科研所张联燕教授级高级工程师、四川省公路工程监理咨询公司臧棣华教授级高级工程师等一批学者和工程技术人员的大力指导和帮助；同时，编写本书时，对参考、引用文献和资料的作者，在此一并表示衷心的感谢。

本指南主编单位：

四川省交通厅公路规划勘察设计研究院

本指南参编单位：

四川公路桥梁建设集团有限公司

四川雅西高速公路有限责任公司

武汉理工大学

路港集团有限公司

四川省公路工程监理事务所

本指南主要起草人：

牟廷敏　丁庆军　范碧琨　熊国斌

庄卫林　郑　斌　梁　毅　朱如荣

梁　健　管　理　许世辉　许建杰

何　勇　贾　军　刘严才　张小军

目　　录

1 总 则

1.0.1 鉴于桥梁水泥混凝土桥面铺装使用中出现的病害，结合国内混凝土施工设备、材料制备、施工工艺和后期养护等技术的不断进步，根据“水泥混凝土桥面铺装成套技术研究”成果，特编制了《水泥混凝土桥面铺装技术指南》。

1.0.2 《水泥混凝土桥面铺装技术指南》编制原则为：安全适用、技术先进、耐久性好、经济合理。

1.0.3 本指南水泥混凝土配合比设计以桥梁高性能混凝土制备理论为基础，充分考虑桥面铺装结构层特点、原材料、混凝土的制备与铺装工艺和外部环境等条件的差异，经过试配、调整后确定。

1.0.4 本指南水泥混凝土桥面铺装是指桥梁水泥混凝土面层或沥青混凝土面层下的整平层；其内容不适用于轻质混凝土、聚合物混凝土、海洋气候环境条件下的混凝土和有特殊要求的桥面铺装混凝土。

1.0.5 水泥混凝土桥面铺装技术包括铺装结构设计、原材料选择、混凝土配合比设计、表面处理与钢筋网安装、混凝土拌和与运输、混凝土浇筑和养护技术等成套技术。

1.0.6 桥面铺装水泥混凝土结构技术，除应符合本指南外，尚应符合国家现行有关标准的规定。

2 术 语

2.0.1 桥面铺装 bridge deck pavement

为保护桥面板和分布车轮的集中荷载,用沥青混凝土、水泥混凝土等材料铺筑在桥面上的桥梁结构层。

2.0.2 纤维混凝土 fiber reinforced concrete

用一定量乱向分布纤维材料增强的以水泥为胶结材料的混凝土。

2.0.3 混杂纤维混凝土 hybrid fiber reinforced concrete

用一定量乱向分布的两种或两种以上不同纤维材料增强的以水泥为胶结材料的混凝土。

2.0.4 钢筋焊接网 welded fabric

具有相同或不同直径的纵向和横向钢筋分别以定间距垂直排列，全部交叉点用电阻点焊在一起的钢筋网片。

2.0.5 焊接网的搭接 lap of welded fabric

在水泥混凝土桥面铺装中，当焊接网片长度或宽度不够时，按一定要求将两张网片相互叠合或镶入而形成的连接。

2.0.6 叠搭法 normal overlapping

一张网片叠在另一张网片上的搭接方法。

2.0.7 平搭法 nesting

一张网片的钢筋镶入另一张网片，使两张网片的纵向和横向钢筋各自在同一平面内的搭接方法。

2.0.8 扣搭法 back overlapping

一张网片扣在另一张网片上，使横向钢筋在一个平面内、纵向钢筋在两个不同平面内的搭接方法。

2.0.9 环境作用 environmental action

能引起结构材料性能劣化或腐蚀的环境因素（agent），如温度、湿度及各种有害物质等施加于结构上的作用。

2.0.10 普通混凝土 ordinary concrete

表观干密度为 2 000～2 800 kg/m^3 的水泥混凝土。

普通混凝土的表观干密度范围是与国际上的 CEB-FIP 模式规范（混凝土结构）相一致的。凡用普通砂、石制作的混凝土，其表观干密度均不会超出 2 000 ~ 2 800 kg/m^3 这一范围。根据我国砂、石情况统计分析，规定的 2 000 ~ 2 800 kg/m^3 的范围在我国西部地区是合适的。

2.0.11 高性能混凝土 high performance concrete

采用常规材料和工艺生产，具有混凝土结构所要求的各项力学性能，且具有高耐久性、高工作性和高体积稳定性的混凝土。

2.0.12 抗渗混凝土 impermeable concrete

抗渗等级等于或大于 W8 级的混凝土。

抗渗混凝土的定义给出了需做抗渗试验的最小抗渗等级，W8以下的抗渗要求对普通混凝土来说比较容易满足，作为特殊要求的混凝土，进行配合比设计时应当从W8开始。

2.0.13 抗冻混凝土 frost-resistance concrete

抗冻等级等于或大于F50级的混凝土。

2.0.14 混凝土耐久性 durability of concrete

混凝土在所处工作环境下，长期抵抗内、外部劣化因素的作用，仍能维持其应有结构性能的能力。

2.0.15 混凝土工作性 workability of concrete

混凝土适宜于施工要求的性能的总称。

2.0.16 混凝土体积稳定性 volume stability of concrete

混凝土初凝后，能抵抗收缩或膨胀而保持原有体积的性能。

2.0.17 劣化现象 deterioration phenomenon

由内、外部劣化因素引起的混凝土结构性能随时间逐渐降低的现象。

2.0.18 外部劣化因素 external deterioration factors

导致混凝土和混凝土结构性能降低的外部环境原因。

使混凝土结构性能降低的外部环境作用有：大气中的CO_2、SO_2、NO_x等因素使混凝土产生中性化，氯化物侵入混凝土使钢筋锈蚀，寒冷使混凝土受冻融作用，盐碱地区的氯离子和硫酸盐使混凝土侵蚀等。

2.0.19 内部劣化因素 internal deterioration factors

导致混凝土和混凝土结构性能降低的内在原因。

混凝土配制时，由各种材料带入了有害氯离子，当达到一定数量时可导致钢筋锈蚀；掺入的碱活性骨料，当混凝土中有足够的碱含量时，可导致碱-骨料反应；过高的水灰比、过大的单方混凝土水泥用量、混凝土的保护层厚度不够以及混凝土浇注的缺陷等，均是构成混凝土的劣化内因。

2.0.20 容许劣化状态 degradation allowance

随着混凝土结构性能降低而出现的劣化状态中，尚能满足结构正常使用要求的最低性能状况。

2.0.21 混凝土力学性能 mechanical properties of concrete

混凝土强度和受力变形性能的总称。

2.0.22 矿物掺合料 mineral admixture

平均粒径不大于 10 μm、具有潜在水硬性或火山灰活性的矿物质粉体材料。

2.0.23 胶凝材料 cementitious material，or binder

用于配制混凝土的各品种（包括硅酸盐水泥、普通硅酸盐水泥、矿渣硅酸盐水泥与粉煤灰硅酸盐水泥等）与粉煤灰、磨细矿渣或硅灰等矿物掺合料的总称。矿物掺合料在混凝土配合比中的用量，通常以其占胶凝材料总量的百分比（重量比）表示。

2.0.24 水胶比 water to binder ratio

混凝土配制时的用水量与胶凝材料（水泥加矿物掺合料）总量之比。在耐久性混凝土的配合比中，常以胶凝材料用量的概念取代传统的水泥用量，并以水胶比取代传统的水灰比。

3 基本规定

3.0.1 本指南规定的水泥混凝土桥面铺装技术要求，适合于四川地区水泥混凝土桥面铺装面层或沥青混凝土层下的水泥混凝土整平层；与四川地区环境条件相近的地区，可以参考使用。

3.0.2 水泥混凝土桥面铺装应具有与桥梁其他构件设计要求相同的设计基准周期，在设计使用年限内满足桥梁结构承载和正常使用功能要求。

3.0.3 水泥混凝土桥面铺装应针对桥梁所处环境和预定功能进行耐久性设计。除根据桥面铺装特点，进行结构设计、精心施工、精心养护等外，还应选用适当的水泥品种、矿物掺合料、合理的纤维种类与掺量，以及适当的水胶比，并采用适当的化学外加剂；配制高性能混凝土，其技术途径为：

（1）选用低水化热和含碱量低的水泥，尽可能避免使用早强型水泥。

（2）选用坚固耐久、连续级配、粒形良好的洁净骨料。

（3）使用优质粉煤灰、矿渣粉等矿物掺合料或复合矿物掺合料，且应作为耐久性混凝土的必需组分。

（4）在寒冷地区服役的桥面混凝土，使用优质的引气剂，将适量引气作为配制耐久性混凝土的常规手段。

（5）尽量降低拌和水用量，为此应掺加具有高效减水功能的外加剂。

（6）限制混凝土中胶凝材料的最高用量，尽可能减少水泥混凝土胶凝材料中的水泥用量，应特别重视混凝土骨料的级配以及粗骨料的粒形要求。

3.0.4 水泥混凝土桥面铺装，应考虑弯斜坡桥特点和不同层位位置等，进行具体的构造设计和混凝土配合比设计，宜采用带肋钢筋焊接网，掺入一定数量的纤维材料。

3.0.5 桥面铺装混凝土施工应特别注意结合面处理，钢筋网片定位，混凝土的拌和、运输、摊铺、振捣和整平等技术环节。

3.0.6 桥面铺装混凝土应特别重视养护工作，整平后应及时覆盖、保湿养护。

4 原材料

4.1 水 泥

4.1.1 在一般情况下，桥面铺装混凝土宜选用硅酸盐水泥、普通硅酸盐水泥、矿渣硅酸盐水泥和粉煤灰硅酸盐水泥，不宜采用火山灰质硅酸盐水泥。

4.1.2 水泥中 C_3A 含量一般不宜超过 8%；水泥细度（比表面积）不宜超过 350 m^2/kg；游离氧化钙不得超过 1.5%；氯离子含量不得超过水泥质量的 0.2%；水泥含碱量不宜超过水泥质量的 0.6%，混凝土内总含碱量（包括所有原材料）不得大于 3.0 kg/m^3。

4.1.3 工程使用水泥一般为散装或袋装入场，水泥使用温度不宜超过 55 °C，否则须采取措施降低水泥温度，例如要求水泥生产厂家放置一段时间后发货等措施。

4.1.4 袋装水泥入场后应按品种、标号、出厂日期分别存放，同时应采取防潮措施。

4.1.5 水泥应分批检验，质量应稳定，若存放期超过 3 个月应重新检验。

4.2 骨 料

4.2.1 桥面铺装混凝土粗骨料一般宜选用 5～25 mm 连续级配碎石，针片状含量≤10%，压碎值≤10%，品质稳定，含泥量≤1.0%。

4.2.2 桥面铺装混凝土采用的细骨料应选择质地坚硬、级配良好的中、粗河砂或机制砂，性能指标应符合现行行业标准《普通混凝土用砂、石质量及检验方法标准》（JGJ 52—2006）的规定。

中砂细度模数 2.3～3.0，来源应稳定，入场后应分批检验。含泥量应＜3.0%，泥块的含量＜1.0%。

4.2.3 骨料应进行碱-硅或碱-碳酸盐活性反应检测，并满足相关规范或技术标准要求，确定无反应活性后方可使用于工程中。

4.3 矿物掺合料

4.3.1 矿物掺合料宜采用粉煤灰、磨细矿渣粉以及其他复合掺合料等。

4.3.2 矿物掺合料技术性能指标应符合下列要求:

（1）粉煤灰

用于桥面铺装水泥混凝土宜采用Ⅰ级粉煤灰，条件受限时可采用Ⅱ级粉煤灰，其技术性能应符合表 4.3.2-1 要求。

表 4.3.2-1 粉煤灰技术性能指标

<table>
<tr><th colspan="2" rowspan="2">项 目</th><th colspan="2">级别及技术性能指标</th></tr>
<tr><th>Ⅰ级</th><th>Ⅱ级</th></tr>
<tr><td colspan="2">细度（0.004 5 mm 方孔筛筛余）/% ≤</td><td>15.0</td><td>30.0</td></tr>
<tr><td colspan="2">需水量比/% ≤</td><td>95</td><td>105</td></tr>
<tr><td colspan="2">烧失量/% ≤</td><td>5.0</td><td>8.0</td></tr>
<tr><td colspan="2">含水量/% ≤</td><td colspan="2">1.0</td></tr>
<tr><td colspan="2">三氧化硫/% ≤</td><td colspan="2">3.0</td></tr>
<tr><td rowspan="2">游离氧化钙/%
≤</td><td>F 类粉煤灰</td><td colspan="2">1.0</td></tr>
<tr><td>C 类粉煤灰</td><td colspan="2">4.0</td></tr>
</table>

（2）磨细矿渣

用于桥面铺装混凝土的磨细矿渣技术性能应符合表 4.3.2-2 要求。

表 4.3.2-2 磨细矿渣技术性能指标

项 目		级别及技术性能指标		
		S105	S95	S75
密度/（g/cm^3）	≥	2.8		
比表面积/（m^2/kg）	≥	400		
活性指数/% ≥	7 d	95	75	55
	28 d	105	95	75
流动度比/%	≥	85	90	95
含水量/%	≤	1.0		
三氧化硫/%	≤	4.0		
氯离子含量/%	≤	0.02		
烧失量/%	≤	1.0		
需水量比/%	≤	105		

4.3.3 矿物掺合料的掺量应根据设计对混凝土各龄期强度、混凝土工作性能、体积稳定性能、耐久性能以及施工条件和工程特点（如环境气温、混凝土拌和温度、结构部位等）而定。当直接采用水泥混凝土作为桥面面层时，考虑桥面混凝土早期耐磨性能要求，其粉煤灰、磨细矿渣粉等矿物掺合料不宜超过胶凝材料的 10%。

矿物掺合料能降低桥面铺装水泥混凝土收缩性能，提高抗渗性能，抑制潜在碱-骨料反应等，因此，在桥面铺装混凝土配合比设计中，应通过耐磨性能试验确定矿物掺合料的掺量是必要的。

4.4 化学外加剂

4.4.1 桥面铺装混凝土中采用的外加剂应为高效保塑缓凝减水剂（如聚羧酸系），其减水率不宜低于 20%，质量应符合现行国家标准《混凝土外加剂标准》(GB 8076—2008) 和《混凝土外加剂应用技术规范》（GB 50119—2003）的规定，并应对混凝土和钢材无害，减水剂应通过试验数据验证其可靠性能。

4.4.2 配置桥面铺装混凝土所用化学外加剂应符合以下技术指标要求：

（1）各种外加剂应有厂商提供的推荐掺量与相应减水率、主要成分（包括复配组分）的化学名称、氯离子含量、含碱量以及施工中必要的注意事项，如超量或欠量使用时的有害影响、掺合方法等。

（2）当混合使用高效减水剂、引气剂、缓凝剂、膨胀剂等外加剂时，应事先测定它们之间的相容性。

（3）外加剂中的氯离子含量不得大于混凝土中胶凝材料总量的 0.02%，高效减水剂中的硫酸钠含量不宜大于减水剂干重的 15%。

（4）氯化钠、氯化钙等氯盐不能作为混凝土的外加剂使用，例如用做冬季施工的防冻剂等；一般不宜使用早强型的外加剂。

（5）各种阻锈剂的长期有效性需经检验，一般不应使用亚硝酸钠类阻锈剂。

4.5 纤 维

4.5.1 一般要求

根据桥面铺装混凝土的特点，应在水泥混凝土中掺入钢纤维、聚丙烯腈纤维或它们的混杂纤维等，其性能应符合标准《纤维混凝土结构技术规程》（CECS 38—2004）中的相关规定。为了合理有效地利用纤维的防裂和增强性能，应通过试验选择纤维种类、掺量、掺加方法等技术要求。

4.5.2 钢纤维

（1）钢纤维一般可以选用碳素冷拔钢丝切断型纤维和铣削型碳素钢纤维，但宜选用多锚固点的碳素冷拔钢丝切断型，表面应有明显的压痕，保证钢纤维与混凝土基体具有较高的粘结强度；钢纤维长度宜为 30～35 mm，直径或等效直径为 0.6～0.9 mm，抗拉强度大于 600 MPa。

（2）钢纤维表面不得有锈蚀、油污等杂质。钢纤维内含有因加工不良的粘连片、铁屑等杂质，不能超过钢纤维总重量的 1.0%。

（3）钢纤维长度、直径偏差不应超过长度直径公称值的±10%，钢纤维长径比偏差不应超过±15%，钢纤维每根重量不应超过公称重量值的±15%。

（4）钢纤维应具有良好的外形，形状合格率不应低于 90%；钢纤维应具有良好的弯折性能，能承受一次弯折 90°不断裂。

（5）保证钢纤维在混凝土中不变“V”形、不结团，具有良好分散性。

4.5.3 聚丙烯腈纤维

（1）聚丙烯腈纤维采用直径为 12～15 um，长度为 6～12 mm，抗拉强度≥800 MPa，弹性模量为 7.0～9.0 GPa。

（2）保证聚丙烯腈纤维在混凝土中不结团，分散性能优良。

（3）聚丙烯腈纤维应外色均匀、没有污染，不得含有杂物等杂质。

4.6 焊接钢筋网

4.6.1 桥面铺装钢筋焊接网宜采用 CRB550 级冷轧带肋钢筋或 HRB400 级热轧带肋钢筋制作。焊接网用钢筋的技术要求应符合现行国家标准《钢筋混凝土用钢筋焊接网》(GB/T 1499.3—2002）的规定。

4.6.2 钢筋焊接网分为定型焊接网和定制焊接网两种。

（1）定型焊接网在两个方向上的钢筋间距和直径可以不同，但在同一方向的钢筋宜有相同的直径、间距和长度。

（2）定制焊接网的形状、尺寸应根据设计和施工要求，由供需双方协商确定。

4.6.3 钢筋焊接网的规格宜符合下列规定：

（1）钢筋直径：冷轧带肋钢筋 8～12 mm；热轧带肋钢筋宜采用 8～16 mm。

（2）焊接网长度不宜超过 12 m，宽度不宜超过 3.3 m。

（3）焊接网制作方向的钢筋间距宜为 100 mm、150 mm，与制作方向垂直的钢筋间距宜为 100 mm、150 mm，焊接网的纵向、横向钢筋可以采用不同种类的钢筋。

4.6.4 焊接网钢筋的强度标准值应具有不小于 95% 的保证率。

冷轧带肋钢筋及冷技光面钢筋的强度标准值应根据极限抗拉强度确定，用 f_{stk} 表示；热轧带肋钢筋的强度标准值系根据屈服强度确定，用 f_{yk} 表示。

（1）焊接网钢筋的强度标准值 f_{stk} 和 f_{yk} 应按表 4.6.4-1 采用。

表 4.6.4-1 焊接网钢筋强度标准值 N/mm²

焊接网钢筋	符号	钢筋直径/mm	f_{stk} 或 f_{yk}
冷轧带肋钢筋 CRB500	Φ^R	5、6、7、8、9、10、11、12	500
热轧带肋钢筋 HRB400	⌀	6、8、10、12、14、16	400

（2）焊接网钢筋的抗拉强度设计值 f_y 和抗压强度设计值 f'_y 应按表 4.6.4-2 采用。

表 4.6.4-2　焊接网钢筋强度设计值　　N/mm²

焊接网钢筋	符号	f_y	f'_y
冷轧带肋钢筋 CRB500	Φ^R	360	360
热轧带肋钢筋 HRB400	⏀	360	360

注：在钢筋混凝土结构中，轴心受拉和小偏心受拉构件的钢筋抗拉强度设计值大于 300 N/mm² 时，仍应按 300 N/mm² 取用。

（3）焊接网钢筋的弹性模量 E_s 应按表 4.6.4-3 采用。

表 4.6.4-3　焊接网钢筋弹性模量 E_s　　N/mm²

焊接网钢筋	E_s
冷轧带肋钢筋 CRB500	1.9×10^5
热轧带肋钢筋 HRB400	2.0×10^5

（4）焊接网钢筋的疲劳应力比值 ρ_g^f 应按下式计算：

$$\rho_g^f = \frac{\sigma_{g,\min}^f}{\sigma_{g,\max}^f}$$

式中　$\sigma_{g,\min}^f$——构件疲劳验算时，同一层钢筋的最小应力；

$\sigma_{g,\max}^f$——构件疲劳验算时，同一层钢筋的最大应力。

（5）冷轧带肋钢筋焊接网用于疲劳荷载作用下的板类受弯构件，当进行疲劳验算钢筋最大应力不超过 280 N/mm²、疲劳应力比值 $\rho_g^f > 0.3$ 时，钢筋的疲劳应力幅值应不大于 80 N/mm²。

4.7 拌和用水

4.7.1 桥面铺装水泥混凝土的拌和与养护用水，应符合现行行业标准《混凝土拌和用水标准》(JGJ 63—2006)的规定。

4.7.2 桥面铺装水泥混凝土的拌和用水中的氯离子含量不得大于 200 mg/L。

5 构造规定

5.0.1 桥面铺装表面采用沥青混凝土面层时，水泥混凝土整平层的厚度一般不小于 8 cm，其构造设计为：

（1）设置Φ8焊接带肋钢筋网片，其间距为 10×10 cm，焊接钢筋网片距离混凝土顶面的净保护层厚度为 3.5 cm，焊接钢筋网片搭接采用平搭法连接。

（2）在水泥混凝土整平层中宜掺入 0.8～1.0 kg/m^3 聚丙烯腈纤维，具体掺量根据工程所处环境条件和试验调整确定。

（3）矿物掺合料可以根据水泥混凝土配合比试验确定，一般为 60～100 kg/m^3。

5.0.2 桥面铺装采用水泥混凝土面层时，其厚度一般为 10 cm，构造设计为：

（1）设置Φ10 焊接带肋钢筋网片，其间距为 10×10 cm，焊接钢筋网片距离混凝土顶面的净保护层厚度为 3.5 cm，焊接钢筋网片搭接采用平搭法连接。

（2）在水泥混凝土铺装面层中掺入 0.8～1.0 kg/m^3 聚丙烯腈纤维，同时应掺入 40～50 kg/m^3 钢纤维，具体掺量根据工程所处环境条件和试验调整确定。

（3）为了提高混凝土早期耐磨性能，粉煤灰、磨细矿渣粉等矿物掺合料不宜超过胶凝材料的 10%。

5.0.3 伸缩缝处铺装构造

（1）伸缩缝处主梁端部间的间距一般不得超过设计值的 ±4 cm；当主梁端部间距超过误差要求时，应修改设计伸缩缝规格，不得通过修改设计型钢位置等措施，强行安装。

（2）伸缩缝槽口的锚固钢筋应按设计位置准确预埋，当预埋钢筋距离设计位置误差 ±5 cm 时，应通过钻孔植钢筋等办法加强锚固连接构造。

（3）对槽口处底面及周边，应严格凿毛处理，对已松动的混凝土骨料等，应坚决取出，不得保留。同时，应洒水湿透，但在浇注混凝土前，槽内不得有任何积水。

（4）伸缩缝槽口混凝土与对应的铺装混凝土，应一同浇注完成。混凝土配合比设计时，应同时掺入 0.8～1.0 kg/m^3 聚丙烯腈纤维和 40～50 kg/m^3 钢纤维，钢筋网片采用 Φ10 焊接网片，其间距为 10×10 cm，焊接钢筋网片距离混凝土顶面的净保护层厚度为 3.5 cm，并应与桥面铺装内焊接网连接成整体。

（5）浇注混凝土时，应采用专用振捣器精心施工，特别是对于伸缩缝槽口周边，应能确保混凝土浆体能与槽口周壁密贴结合，同时，表面应与已浇混凝土表面齐平。

5.0.4 桥台顶面铺装构造

(1) 桥台顶面铺装内设置Φ10焊接带肋钢筋网片，其间距为10×10 cm，钢筋网片距离混凝土顶面的净保护层厚度为3.5 cm，钢筋搭接采用平搭法连接。

(2) 混凝土配合比设计时，应同时掺入0.8～1.0 kg/m³聚丙烯腈纤维和40～50 kg/m³钢纤维。

(3) 桥台搭板顶面的桥面铺装，在搭板与路基结合处，除桥面铺装内焊接网片应伸入路基铺装内不小于2 m外，在距离桥面铺装层下缘5 cm处，增加设置钢筋网片，伸入路基和桥台搭板内各1.5 m。如图5.0.4所示。

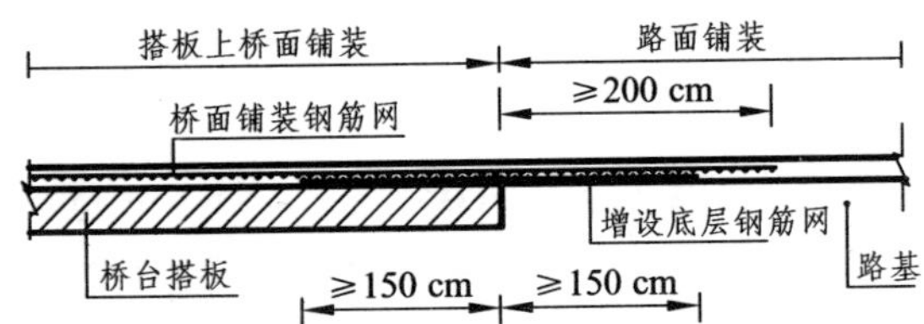

图 5.0.4　桥台搭板与路基过渡段铺装钢筋网的构造图

5.0.5 梁顶裂缝的检查处理

梁体顶面清理干净后，应仔细检测主梁顶面是否有裂缝或裂纹，如果发现主梁顶面有裂缝，应采取以下措施处理：

(1) 如果裂缝较多，且裂缝宽度小于0.15 mm时，应先采用灌缝材料对裂缝进行灌缝处理，并需要监理检测验收确认。

(2) 如果裂缝少，且裂缝宽度小于0.15 mm，裂缝深度小于 10 mm 时，可以采取开槽等办法，清除裂缝，其清理的槽口，应与水泥混凝土铺装一起浇筑完成。

（3）如果裂缝宽度大于 0.15 mm 时，应先灌缝处理，在浇注水泥混凝土桥面铺装时，沿裂缝宽度方向，设置**Φ8**钢筋网，或表面湿透后（不能有积水），均匀撒布钢纤维。

采取以上措施，防止梁体裂缝扩展到桥面铺装层。

5.0.6 表面刻槽、切缝与填缝

（1）表面刻槽

① 直接采用水泥混凝土桥面铺装层的桥面，应采用专用刻槽机进行硬刻槽。刻槽时间一般根据试验结果和现场情况确定。硬刻槽作业时，水泥混凝土强度应大于设计强度的 90%。

② 在横桥向切缝处的两端，各留 10 cm 宽的范围不刻槽，防止硬刻槽与横桥向切缝交接部位水泥混凝土破损。

③ 硬刻槽前应精确放线，确定专用刻槽机行走轨道，确保刻槽线型顺直、均匀。

④ 刻槽深度一般为 5 mm，刻槽宽度不大于 2 mm，刻槽间距为 15 mm。

（2）表面切缝

设计文件中设计水泥混凝土桥面铺装有切缝要求时，应满足以下规定：

① 水泥混凝土桥面铺装层达到设计强度，同时大于 7 天龄期后，可以开始切缝，并应根据现场试验情况验证确定。

② 水泥混凝土桥面铺装层切缝深度一般为 2 cm，宽度为 3 mm；在桥墩顶面应设置一道切缝，桥墩间的桥面一般按 3～5 m 进行等间距划分切缝。

③ 切缝前应精确放线，采用专用切割机，并严格控制行走轨道，确保切缝线型顺直、均匀。

（3）表面填缝

① 水泥混凝土桥面铺装层切缝完成后，应及时清理、清洗，采用专用烘干机或风干机吹干切缝。当采用自然风干切缝时，应采用吹风清理缝内杂质，确保缝内干净、干燥。

② 填缝材料一般选用弹性好、粘接性高、温度稳定性可靠的塑性材料。

③ 填缝材料灌注后的 3 h 内，应采取遮盖等措施，确保填缝材料不受污染，同时也不能污染桥面。

6 混凝土配合比设计

6.1 一般规定

6.1.1 桥面铺装混凝土的配合比设计应根据桥面铺装特点，确定合理的工作性能、体积稳定性能、耐久性能和合格的强度等级，同时，应具有较好的抗疲劳性能及耐磨耗性能。

6.1.2 耐久性设计应针对桥面铺装所处外部环境中劣化因素的作用，在设计使用年限内不超过容许劣化状态。

6.2 设计指标

6.2.1 工作性能

初始坍落度 120～140 mm，1 h 坍落度 100～120 mm，

浇注时坍落度大于 100 mm；初凝时间一般应大于 3 h。

6.2.2 力学性能

桥面铺装混凝土强度等级一般宜采用 C40，力学性能指标应满足以下要求：

（1）混凝土 28 d 试配抗压强度≥48 MPa。

（2）对于不加铺沥青混凝土面层的桥面铺装层，纤维增强混凝土 28 d 抗折强度≥7.0 MPa，28 d 劈裂抗拉强度≥5.0 MPa。

（3）对于加铺沥青混凝土面层的桥面铺装层，纤维增强混凝土 28 d 抗折强度≥5.5 MPa，28 d 劈裂抗拉强度≥4.0 MPa。

6.2.3 体积变形性能

按《普通混凝土长期性能和耐久性能试验方法》（GB/T 50082—2009）进行混凝土的干缩试验，混凝土 28 d 收缩率$\leqslant 4.0\times10^{-4}$。

6.2.4 抗渗等级要求

（1）对于不加铺沥青混凝土面层的桥面铺装层，28 d 抗渗等级为 W12。

（2）对于需加铺沥青混凝土面层的桥面铺装层，28 d 抗渗等级为 W10。

6.3 配合比设计

桥面铺装层混凝土，可采用密实骨架堆积法、《普通混凝土配合比设计规范》（JGJ 55—2000）规定的绝对体积法和假定容重法进行配合比设计，本指南以密实骨架堆积法为配合比设计基础。

6.3.1 配合比设计原理

（1）原理

桥面混凝土配合比设计采用密实骨架堆积法，其设计原理是通过寻求混凝土中的粗细骨料的最大容重来寻找最小空隙率，通过曲线拟合可以得出骨料间的最佳比例，使得制备出的混凝土有较好的工作性、优良的耐久性和经济性。

（2）原则

粉煤灰等矿物掺合料的密度和细度均比砂小，从材料堆积理论上讲，密度小的材料填充密度大的材料，其曲线会表现为具有峰值的抛物线形式。按四分法取料，进行最大容重测定，将试验数据通过曲线拟合得出致密堆积系数 α、β，获得最大堆积密度 U_{w}。

（3）方法

密实骨架堆积法首先将不同比例的粉煤灰（将粉煤灰作为矿物掺合料的代表，其他矿物掺合料计算方法与此相同）与砂进行充填单位重试验，获得最大单位重，再以粉煤灰与砂为细骨料与石子进行充填单位重试验，从而获得三者最大单位重。由此可计算出最小空隙率 v_{v}，所需要的润滑浆量 $v_{\mathrm{p}} = v_{\mathrm{v}} + s \times t = n \times v_{\mathrm{v}}$，依据强度和耐久性需求设定水胶比。密实骨架堆积法以大量满足安定性要求的骨料为骨架，采用致密配比技术，使粗细骨料的堆积密度达到最大，从而使水泥混凝土的结构达到最密实的程度，在保证混凝土强度的同时最大程度地降低了水泥的用量。

6.3.2 配合比计算步骤

（1）确定粉煤灰填充砂的比例：

$$\alpha = w_f /(w_f + w_s)$$

（2）以α比例的细骨料（含粉煤灰与砂）填塞石子，得最大堆积因子：

$$\beta = (w_f + w_s)/(w_f + w_s + w_a)$$

（3）由此得出最大单位重为U_w（注：其中w_f、w_s、w_a分别表示粉煤灰、砂、石子的单位重量；不同级配的粗、细骨料对应不同的α、β）。

（4）最大单位重中的石子重：

$$agg = U_w(1-\beta)$$

（5）最大单位重中的砂重：

$$sand = U_w\beta(1-\alpha)$$

（6）最大单位重中的粉煤灰重：

$$fly = U_w\beta\alpha$$

（7）最小空隙率：

$$v_v = 1-(fly/\gamma_f + sand/\gamma_s + agg/\gamma_a)$$

（8）混凝土中所需填塞和润滑的水泥浆量：

$$v_p = v_v + s \times t = n \times v_v$$

式中 n——水泥浆量的放大倍数；

s——骨料表面积；

t——包裹于骨料表面的润浆厚度。

（9）骨料的用量：

$$v_{agg} = 1 - v_p$$

6.3.3 配合比设计系数的确定

（1）最大容重试验要求

① 取若干砂样，放入烘箱，待烘干后用于试验。

② 称取一定量的干砂，进行筛分分析，得出细度模数，属于中砂即可。

③ 称取一定量（足以填满 3 L 容重桶）的干砂，按 2% 的比例往砂中添加粉煤灰，加到 8% 左右后，按 1%的比例减慢添加粉煤灰。在最大单位重附近，多做几次求取平均值。

④ 对求得的数据进行曲线拟合，得出二次曲线方程，对方程求一阶导数，并令其为 0。将求得的 α 值代回方程，即可求得粉煤灰与砂的最大堆积密度 U_w。

⑤ 求 β 的方法与求 α 的方法一样，只不过用含粉煤灰比例为 α 的砂、粉煤灰混合物取代砂。由此通过曲线拟合同样可得 β、U_w（三者的最大单位重）。

（2）α、β 以及 U_w 的确定

以细度模数为 2.8 的中砂、5～25 mm 连续级配的碎

石、需水比为 96%的Ⅱ级粉煤灰为例，根据以上试验方法，得到的粉煤灰充填单位重数据见表 6.3.3-1。

表 6.3.3-1　粉煤灰充填单位重

α	U_w/(kg/m^3)	β	U_w/(kg/m^3)
0.04	1 826.7	0.30	1 993.3
0.10	1 913.3	0.44	2 133.3
0.09	1 853.3	0.50	2 060.0

以致密堆积系数为横坐标，以堆积密度为纵坐标，作出抛物线图（图 6.3.3-1），拟合的二次曲线的方程为：

$$y = -24\ 068x^2 + 4\ 775.5x + 1\ 676.2$$

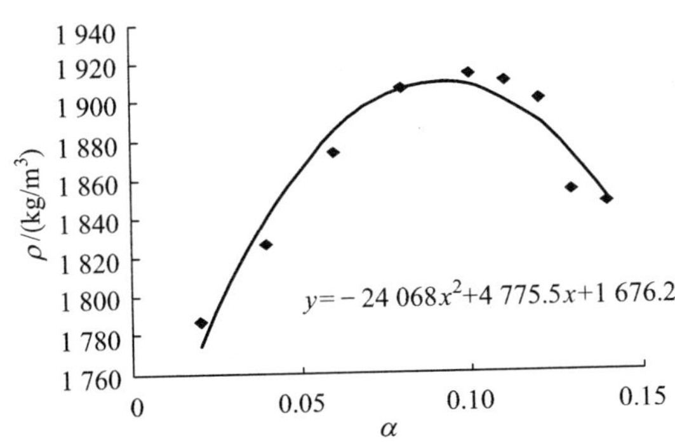

图 6.3.3-1　致密堆积系数 α 图

对上式求 阶导数，并令其为 0，可得 $\alpha = 10\%$ 时，$U_w = 1\ 913.1$ kg/m^3，即粉煤灰与砂的最大单位重为 1 913.1 kg/m^3。

当 $\alpha=10\%$ 时，将粉煤灰加入中砂与碎石的最佳混合物中，可以得到抛物线图（图 6.3.3-2），其曲线方程为：

$$y=-2\ 897.2x^2+2\ 503.5x+1\ 584.5$$

$y=-2897.2x^2+2503.5x+1584.5$

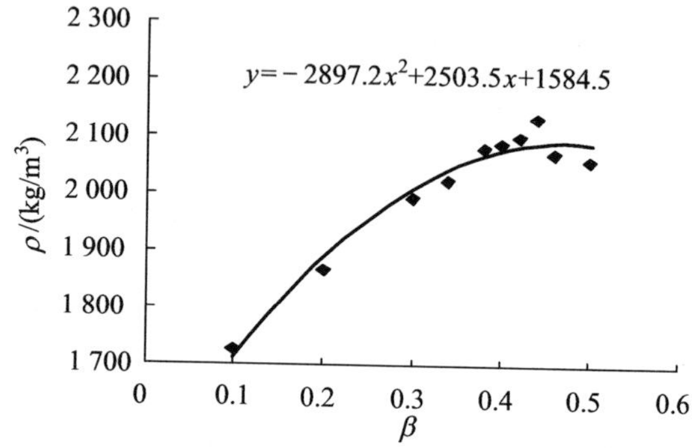

图 6.3.3-2　致密堆积系数 β 图

对上式求一阶导数，并令其为 0，可得 $\beta=43\%$，此时，$U_w=2\ 125.3\ \text{kg/m}^3$，即粉煤灰、砂、石子三者的最大单位重为 $2\ 125.3\ \text{kg/m}^3$。

（3）n 值的确定

在致密堆积系数 α、β 以及最大单位重 U_w 确定的前提下，从表 6.3.3-2 可得：如果同一水胶比时，n 降低，则 $v_p=v_v+s\times t=n\times v_v$ 随之下降，水泥浆量相应减小，而骨料用量相应增加；反之，则水泥浆量增加，骨料减少；然而，n 值过于减小，虽然保证了水泥的用量减少，但降低了混凝土的工作性和强度；如若 n 值过大，则会达不到降低水泥用量的目的，从而经济性和耐久性也体现不出来。通过多次试验找到的合理的 n 值为 1.2，既保证了强度，又使得经济性和耐久性体现出来。

表 6.3.3-2 n 值与混凝土工作性能

n 值	混凝土工作性能
1.1	浆料包裹不住砂、石，坍落度小，且损失大，基本无流动性，扩展度小，不适宜泵送
1.2	浆料能包裹住砂石骨料，坍落度满足设计要求，损失小，且适宜于泵送
1.4	浆料用量过多，虽然有较大的坍落度和扩展度，但胶凝材料用量过多，不满足经济性和耐久性的要求

6.3.4 骨料用量的校正

由于水泥浆量需要放大，则骨料用量作如下调整：

$$W_{\rm s}=\frac{v_{\rm agg}}{1/\gamma_{\rm s}+(1-\beta)/[\gamma_{\rm a}\beta(1-\alpha)]+\alpha/[\gamma_{\rm f}(1-\alpha)]}$$

$$W_{\rm a}=(1-\beta)W_{\rm s}/[\beta(1-\alpha)]$$

$$W_{\rm f}=\alpha W_{\rm s}/(1-\alpha)$$

式中：$W_{\rm s}$、$W_{\rm a}$、$W_{\rm f}$ 分别为调整后的砂、石、粉煤灰的用量。

经计算可得每立方米混凝土中砂、石、粉煤灰的用量分别为 796 kg、1 099 kg 和 160 kg，砂率为 42%。

6.3.5 胶凝材料用量的计算

浆料体积率 $V_{\rm p}=V_{\rm w}+V_{\rm c}+V_{\rm f}$，设水胶比为 λ，则：

$$\lambda=W_{\rm w}/(W_{\rm c}+W_{\rm f})$$

由上式可得：

$$\lambda W_{\rm c}+\lambda W_{\rm f}=W_{\rm w}$$

$$V_p = W_w/\gamma_w + W_c/\gamma_c + W_f/\gamma_f$$

故有:

$$W_c = \frac{V_p - \left(\frac{\lambda}{\gamma_w} + \frac{1}{\gamma_f}\right)W_f}{\frac{\lambda}{\gamma_w} + 1/\gamma_c}$$

$$W_w = \lambda W_f + \lambda W_c$$

依据强度和耐久性要求设定水胶比，借鉴普通混凝土的水胶比取值，铺装水泥混凝土的水胶比可在 0.34 到 0.40 之间选取，最后根据以上公式求出拌和用水量。通过上述计算过程，可得出水泥、粉煤灰、水、砂及石的用量。减水剂的掺量可根据水泥与减水剂的适应性分析和施工和易性来确定。

6.3.6 配合比试验验证

通过密实骨架堆积理论设计出混凝土的配合比后，还需对其进行试验的验证:

（1）对密实骨架堆积法所得配合比的工作性能与抗压强度进行试验，检验其是否能够满足桥梁工程混凝土的技术指标。

（2）验证密实骨架堆积配合比是否达到了减少胶凝材料用量、提高工作性能和耐久性能的目的。

6.4 试配、调整与确定

6.4.1 进行混凝土配合比试配时，应采用工程中实际使用的原材料。混凝土的搅拌方法，宜与生产时使用的方法相同。

6.4.2 混凝土配合比试配时，每盘混凝土的最小搅拌量应大于 15 L；当采用机械搅拌时，其搅拌量不应小于搅拌机额定搅拌量的 1/4。

6.4.3 按计算的配合比进行试配时，首先应进行试拌，以检查拌和物的性能。当试拌得出的拌和物工作性能不能满足要求时，应调整用水量、砂率、外加剂掺量、掺加方法等；当其仍然不能满足要求时，应调整水泥、矿物掺合料、外加剂等材料种类，直到符合要求为止。

6.4.4 混凝土工作性能评价指标有：坍落度、坍落度经时损失、压力泌水、扩展度、倒坍落筒流出时间等。初始坍落度一般宜控制在 140～160 mm，2 h 后坍落度宜在 120 mm 以上，现场浇注时混凝土坍落度应大于 100 mm；对于弯、斜、坡桥等特殊段落，可根据具体情况控制现场水泥混凝土浇注时的坍落度大于 80 mm。

6.4.5 制作混凝土强度试验试件前，应检验混凝土拌和物的坍落度或扩展度、粘聚性、保水性及拌和物的表观密度，并以此结果作为代表相应配合比的混凝土拌和物的性能。

6.4.6 进行混凝土强度试验时，一般宜试拌 3 种不同的混凝土配合比，每种配合比至少应制作 1 组（每组 3 块）试件，标准养护到 28 d 时试压；需要时可同时制作几组试件供 3 d、7 d 试压，提供参考配合比，满足施工急用，但应以标准养护 28 d 强度或按现行国家标准《粉煤灰混凝土应用技术规程》（DG/JT 08-230—2006）、现行行业标准《粉煤灰在混凝土和砂浆中应用技术规程》（JGJ 28）等规定的龄期强度的检验结果为依据调整配合比。

6.5 重新设计

当遇有下列情况之一时，应重新进行配合比设计：

（1）对混凝土性能指标有特殊要求时。

（2）水泥、外加剂或矿物掺合料品种、质量有显著变化时。

（3）该配合比的混凝土生产间断半年以上时。

（4）施工环境条件和天然原材料发生较大变化时。

7　拌和与运输

7.1　混凝土拌和

（1）应采用集中拌和、自动计量的强制式搅拌机设备进行桥面铺装水泥混凝土搅拌。

（2）检查原材料变化情况，进行现场试拌调整。

（3）标定材料计量系统，计量应准确；低水灰比混凝土对用水量很敏感，施工前应标定或校核量水系统，并扣除骨料将带入的游离水，非雨天在使用时，露天堆放的砂、石材料含水率应每班检测两次。

（4）聚丙烯腈纤维混凝土的拌和时间比普通混凝土延长30 s以上，拌和时将纤维与水泥、砂、石材料一起加水拌和2～3 min，确保纤维无结团、分散均匀后即可出料运输。

（5）钢纤维或混杂纤维混凝土的拌和宜按碎石、纤维、砂、水泥、粉煤灰的材料填加顺序，先干拌 1 min，再加入水和减水剂湿拌 2～3 min，确认纤维无结团、分散均匀后即可出料运输。

7.2 混凝土拌和计量与控制

7.2.1 原材料计量应准确，应严格按设计配合比计量称取，其允许偏差应符合下列规定（按重量计）:

（1）胶凝材料（水泥、掺合料等）±1%。

（2）化学外加剂（高效减水剂或其他化学添加剂）±1%。

（3）粗、细骨料±2.0%。

（4）拌和用水±1%。

7.2.2 应严格测定粗、细骨料的含水率，宜每班抽测 2～4 次；使用露天堆放骨料时，应随时根据其含水量变化调整施工配合比。

7.2.3 化学外加剂可采用粉剂和液体外加剂。当采用液体外加剂时，应从混凝土用水量中扣除溶液中的水量；当采用粉剂时，应适当延长搅拌时间，一般延长时间不宜少于 0.5 min。

7.2.4 拌制第一盘混凝土时，应按设计配合比的水泥、细骨料增加用量 10%，增加砂浆量的水灰比不变。

7.2.5 混凝土拌和场质量控制

（1）砂、碎石、水泥等原材料应检验合格后方可使用。

（2）砂石料场应修建在排水通畅的位置，其底部应做硬化处理；不同规格的砂石料之间应有隔离设施，并设立标志牌，严禁混杂。

（3）砂石料场应采取措施，防止低温、降雨、大风或日照强烈等自然条件对原材料的影响。

（4）应严格控制好混凝土的水灰比，并在不同外界条件下，准确测定骨料含水量，及时、合理地调整用水量，确保混凝土坍落度满足要求；拌和场处混凝土坍落度的现场确定应充分考虑到运输损失，并根据现场的具体情况及时作出合理的调整。

7.3 工作性检验

7.3.1 搅拌成的桥面铺装混凝土拌和物应立即检验其工作性，包括测定坍落度、扩展度、坍落度损失；观察有无分层、离析、泌水，评定均质性，对有抗冻性要求的混凝土尚应测定含气量。

7.3.2 坍落度控制检验应在出料口和铺装现场同时进行，出料口每班检查 1～2 次，铺装现场每班检查 2～4 次，铺装现场检测结果应作为桥面铺装混凝土拌和物质量评定的依据，铺装现场检测坍落度浮动范围不宜超过±1.5 cm。

7.4 混凝土运输

7.4.1 准备工作

（1）结合运输距离和气候条件，合理选择运输设备的种类和数量，一般可以采用内壁平整光滑、不吸水、不渗漏的运输设备进行运输。

（2）运输混凝土的车辆装料前，应清洁厢罐、洒水湿润、排干积水；装料时，自卸车应适当挪动车位，防止离析。

（3）在运输过程中应防止漏浆、漏料、混凝土离析、长距离高温影响、污染路面等；车辆起步和停车应平稳，运输应减少颠簸，防止拌和物离析。

（4）严禁运输车辆碰撞、碾压已安装就位的桥面铺装焊接钢筋网片。

7.4.2 桥面铺装混凝土运输时间一般不宜超过 60 min，当运输时间过长时，应通过坍落度试验确定；卸料时吊斗（罐）出口到承接面间的高度不宜大于 2 m，吊斗（罐）底部的卸料活门应开启方便，并不得漏浆。

7.4.3 采用搅拌运输车运送混凝土时，运输过程中宜以

2～4 r/min 的转速搅动；当搅拌运输车到达浇注现场时，应高速旋转 20～30 s 后再将混凝土拌和物卸入混凝土料斗中。

7.4.4 当确有必要调整混凝土的坍落度时，严禁向运输车内添加计量外用水，而应在专职材料技术人员的指导下，在卸料前适量加入外加剂，且加入后采用快速转动料筒搅拌，外加剂的数量和搅拌时间应经试验确定。

8 施工工艺

桥面铺装施工工艺流程设计为：施工准备→验收主梁顶面高程误差→桥面预处理→钢筋网安装与检查→安装模板→混凝土的拌和、运输→混凝土浇筑与检查→摸面、养护→切槽、切缝。

8.1 施工准备

8.1.1 做好施工前的方案设计制订、技术交底等各项技术准备工作。

8.1.2 检查桥面铺装施工质量保证体系和措施，明确质量检验程序和责任人。

8.1.3 检查保养摊铺设备，如三辊轴整平机、插入式振捣器、洒水机、吹风机等机械是否能正常运转。

8.1.4 集中拌和站的位置应结合制订的施工方案、摊铺现场与拌和站运输路线长短、运输工具等条件综合考虑。

8.1.5 拌和站的生产能力和车辆运输能力均应能满足桥面铺装连续施工的需要，并应充分考虑可能的设备故障问题，确保拌和、送料、摊铺、振捣、抹面、养护等各环节协调顺畅。

8.1.6 根据设计和规范的要求，结合路面施工的需要，考虑合理的入模方式、顺序和方向。

8.1.7 桥面施工时应充分考虑运输设备上桥时对已浇筑混凝土施工质量的影响，限定行车速度。

8.1.8 桥面铺装施工前，应注意预埋件及预留孔洞的设置，对梁体施工用的孔洞按有关技术要求进行填补。

8.1.9 对桥位所处路段水准点进行联测，布设桥面施工临时水准点。

8.1.10 采用网格法测量已安装（或现浇）梁体顶面高程、纵横坡度、平整度的误差，对超过规范要求的主梁顶面高程、纵横坡度、平整度等指标，应制订处理方案，待有关部门批准后及时处理。

8.2 桥面预处理

8.2.1 桥面铺装混凝土浇注前，要保证预制梁间铰缝、预制梁顶面的粗糙，凿除浮渣、浮浆，并用空压机清扫、高压冲洗干净。

8.2.2 对于分段、分幅施工的桥面铺装，严格处理纵、横向施工缝，要求施工缝表面粗糙，并用空压机清扫、高压冲洗干净。

8.2.3 桥面梁顶面的凿毛处理，应采用洗刨机等机械设备作业，不宜采用人工凿毛处理，并用空压机清扫、高压冲洗干净。

8.2.4 浇筑混凝土前，清理梁体顶面所有垃圾及污物等，用高压水冲洗干净，同时，应用水浸润湿透梁体顶面，但不能存在积水。当发现梁体顶面露白时，应立即采用喷雾器洒水（不能积水）保湿。

8.3 钢筋网安装

8.3.1 钢筋网现场验收

钢筋焊接网的现场（或提前在厂内）检查验收应符合下列规定:

（1）钢筋焊接网应按批验收，每批应由同一厂家、同一原材料来源、同一生产设备并在同一连续时段内生产的焊接网组成，每批总重量不大于 30 t。

（2）检查每批材料的质量保证书与对应到场材料标示的符合性。

（3）每批焊接网应抽取 5%（不小于 3 片）的网片进行外观质量、网格几何尺寸、钢筋网的整体尺寸、对角线长度等检查，要求满足规范要求。

（4）对钢筋焊接网应从每批中随机抽取一张网片，进行重量偏差检验，钢筋焊接网的实际重量与理论重量的允许偏差为±4.5%。

（5）钢筋焊接网的抗拉强度、伸长率等试验检查结果应符合有关规范的规定。

（6）运至现场的钢筋焊接网应放置于干燥、排水通畅和满足施工要求的地方堆放，且应用隔水物遮盖，并应有明显的标志。

8.3.2 安装钢筋网

（1）钢筋焊接网运输时，应捆扎整齐、牢固，每捆重量不宜超过 2 t，必要时应加刚性支撑或支架，确保运输不变形。

（2）根据桥梁控制测量基点，在待安装焊接钢筋网片的两侧，沿桥纵向每隔 2～3 m 设置钢筋焊接网的顶面高程控制标示，易于施工操作工人准确确定钢筋网的设计位置。

（3）桥面混凝土铺装层的钢筋焊接网应由直径不小于 Φ12 mm 的架立钢筋竖直支垫，并应将架立钢筋与钢筋焊接网在十字交叉点焊接连接，其支垫间距一般不宜小于 100×100 cm。当桥面铺装厚度设计值为 10 cm 时，应将架立钢筋截成平均高度为 5 cm 的短节，具体长度可以根据桥面梁体实际高差选择，确保焊接钢筋网保持平整。焊接钢筋网片距顶面净保护层厚度为 3.5 cm。

（4）钢筋焊接网的搭接区一般可以采用叠搭法、扣搭法和平搭法（图 8.3.2），搭接区内应采用钢丝绑扎二道，在搭接区内设置一排架立钢筋竖直支垫，并与焊接网焊接连接。

本条规定了焊接钢筋网片搭接连接方法，其主要要求为：与桥面梁方向平行的纵向钢筋在上，纵向钢筋的保护层≥20 mm。由于对钢筋的高度控制严格，网片一般采用平搭法铺设，按国家行业标准《钢筋焊接网混凝土结构技术规程》的有关规定，网片的搭接长度不应小于 35d，如采用叠搭法（或扣搭法）时，搭接长度不应小于 25d，且在任何情况下不应小于 200 mm。

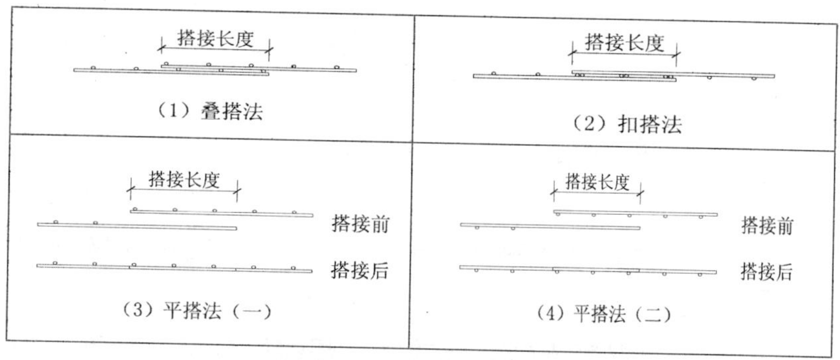

图 8.3.2　焊接钢筋网片搭接连接方法

网片布置时对于主桥面网片，由于主桥的宽度比较大，一般沿主桥的宽度方向布网，网片的长度方向和桥面梁的长度方向平行。布网时先确定墩顶位置的网片，相邻网片的横向搭接一般相互错开。

对于跨线桥和匝道桥的网片，由于跨线桥和匝道桥一般为单车道或双车道，桥面宽度不大但弯曲较多，网片布置时先布置墩顶网片，然后沿桥的长度方向布置桥面网片。

对于斜桥、渐宽桥、Y形桥等形状不规则桥面，一般沿桥面行走的方向布置网片。对于不规则的边缘部位可采用如下方法解决，一是将网片尺寸放大，将多余的网片剪去，二是采用手工局部绑扎。

对于菱形的桥面，布网是按照矩形布置，在安装时将多余部分剪下，剪下部分则安装于另一侧缺少的地方。

（5）桥面铺装钢筋焊接网仅在伸缩缝处断开，在桥面连续构造处应通长设置，并与桥面连续钢筋按规范要求绑扎连接。

（6）桥面钢筋焊接网与防撞护栏钢筋，由于设计错层布置，因此，桥面焊接钢筋网应尽可能伸到防撞护栏的边缘，确保两类钢筋的锚固长度。

（7）钢筋焊接网的安装允许偏差可按现行国家标准《混凝土结构工程施工质量验收规范》（GB 50204）中绑扎钢筋网的有关规定执行。

8.4 安装模板

8.4.1 一般要求

（1）结合工地实际情况和施工技术总体布置安排，选用合适的分幅形式；根据桥面宽度，对于整幅桥面，宜采用分 2 幅或 4 幅进行摊铺施工，分幅位置应错开营运时车轮经常碾压位置；分幅纵缝在纵向接缝表面处理、混凝土浇筑及养护等各个环节应严格处理，精心养护。

（2）根据分幅形式、分幅宽度选用适合的设备、运料路径、施工工艺等。

（3）根据桥面厚度、平曲线和纵曲线的曲度等实际情况选用合适尺寸的槽钢或角钢等作为模板，设置牢固的满足误差要求的模板定位构造装置。

（4）在梁体顶面放样确定模板安装边线（一般应比分幅线宽 2～3 cm，待拆模后切除多余部分），并按适当间距做好高程控制点的标记。

8.4.2 模板安装及拆除

（1）钢筋焊接网安装完毕后，检查模板平面位置和顶面高程，满足规范要求后，在梁顶合适的位置植筋，确保支撑和固定模板牢固。同时，应注意严格控制模板高程，以保证桥面纵坡、横坡坡度的准确，模板内表面涂刷脱模剂。

（2）在模板下空隙处光面泡沫条等措施填塞密实，防止漏浆；模板应安装稳固、顺直、平整，无底部漏浆、高低错台等现象。

（3）桥面铺装层混凝土上料时，严禁运输车辆直接在钢筋上行走，造成钢筋焊接网片塌陷。上料后及时进行人工摊平，摊平中应避免混凝土材料离析等现象。

（4）混凝土浇筑完成后，应根据试验数据，并结合气候条件合理掌握模板拆除时间，脱模后对桥面铺装周边及时安排工人清理。

8.5 浇筑混凝土

8.5.1 浇 注

（1）混凝土浇注应避开气温低于 5 °C 或高于 35 °C 的时段，炎热夏季宜在晚间进行浇注施工，寒冷的冬天宜在中午施工，并做好保温措施。

（2）雨季、夏季施工时，应备足遮阳防雨棚、帆布和塑料薄膜，遮阳防雨棚支架宜采用可推行的简易焊接钢结构，并具有人工饰面、刻槽的足够高度。

（3）高温季节施工时，应加快施工各环节的衔接，尽量缩短各工艺环节时间（掌握后场搅拌、前场卸料时间，合理控制摊铺进度，确保工程质量）。

（4）桥面铺装混凝土浇注时，纵桥向宜从下坡向上坡进行浇注,横桥向宜从横坡低的一侧浇注至横坡高的一侧。

（5）纵横坡均较大的桥梁，严格控制混凝土坍落度及振捣时间，防止由于坍落度太大和过振，造成自重作用下混凝土离析不均匀，引起收缩变形不一致，导致桥面铺装混凝土开裂。

8.5.2 振 捣

（1）采用人工摊铺结合三辊轴平板振捣器匀速缓慢、

连续不间断地振捣混凝土，其作业速度以拌和物表面不露粗骨料，液化表面不再冒气泡并泛出水泥浆为准。插入式振捣器的振捣位置与间距相等，要求快速插入、慢慢取出，特别是在边角处，应采用插入式振捣器捣实混凝土。

（2）混凝土的振捣，桥面铺装宜使用三辊轴提浆机组、振捣棒、抹面机抹平；振捣时发现低洼处，及时用混凝土找平，严禁事后用水泥砂浆找补。

（3）对浇注混凝土与周边连接处，应精心振捣，更不能过振，应采用人工用“搓揉”法，使浇注混凝土与边界或已浇注混凝土良好结合。

（4）应有专人处理轴前料位的高低情况，不得过高或留有空隙，整平后表面砂浆厚度宜控制在(4 ± 1) mm，对表面过厚、过稀的砂浆应刮除丢弃。

8.5.3 抹　面

（1）抹面时应将脚手板搭于两侧滑道上，木板数量、刚度要足够，工人站在木板上进行抹面，边抹边用 3 m 直尺纵向、横向校核平整度，保证铺装层具有良好的平整度，严禁出现坑洼集水现象。

（2）用适当长度的靠尺纵横检查整平情况，用木掌子、抹刀等饰面，注意掌握时间，严禁直接洒水或洒布水泥进行表面修饰。

（3）饰面结束后，用靠尺在纵横多个方向检查，当表面没有空隙时为饰面合格标准。

9 养护技术

混凝土养生的目的是使混凝土在一段时间内保持适当的温度、湿度，营造良好的混凝土硬化条件。

9.0.1 遮阳防雨

（1）当气温高于 35 °C，且太阳直射桥面施工场地时，应用活动棚罩遮盖，避免水分蒸发过快，造成塑性收缩裂缝，塑料薄膜覆盖前，不得移动遮光棚，避免混凝土被阳光照射。

（2）当在多雨季节施工时，应准备好防雨棚，当混凝土尚未被塑料薄膜覆盖前，应及时用防雨棚盖住新浇混凝土拌和物。

9.0.2 养　生

（1）混凝土浇注抹面后，立即覆盖塑料薄膜，保持混凝土的水分不散失，并做好塑料薄膜周边密闭。

（2）如果采用塑料薄膜直接养生，应每天至少浇灌 1～2 次水，确保养生塑料薄膜内的湿度，一直养护 14 d。

（3）当采用土工布覆盖养生时，应在混凝土浇注完成24 h 后，揭开塑料薄膜，及时覆盖土工布和洒水养护。切忌整个土工布覆盖完成后再洒水养护，这样可能导致部分部位保水不足而产生收缩开裂。持续养生 14 d 以上。

（4）桥面混凝土的强度达到 80%以前，禁止任何施工机械在桥面作业。

（5）在养生期间应始终保持混凝土温度不低于 0 °C，遇雨雪应再加盖油布、塑料薄膜等保温设备。

9.0.3 工 具

（1）桥面混凝土浇筑后立即用塑料薄膜覆盖养生，即采用节水保湿养生膜保湿养生，技术指标要求见表 9.0.3。

表 9.0.3 塑料薄膜技术指标要求

试验指标项目		技术要求
3 d 有效保水率/%		≥90
一次性保水时间/d		≥7
保温性能（用膜内温度与外界环境温度之差）/°C		≥4
用养生膜养护的抗压强度比/%（与标养比较）	3 d	≥95
	7 d	≥95
单位面积吸蒸馏水量/（kg/m^2）		≥0.5

购置塑料薄膜应能整体覆盖施工铺装宽度，且厚度一般为 0.08～0.15 mm。

（2）土工布技术要求为：一次性保水时间应大于 4 h，4 h 有效保水率应大于 90%。一般采用宽幅土工布覆盖养护最好。

10　质量验收

（1）主梁预制、安装实测项目容许误差应满足《公路工程质量检验评定标准》（JTG F80/1—2004）第 8.7.1 条的规定，当预制主梁误差不能满足要求时，应报告相关单位采取技术处理措施后，才能铺筑水泥混凝土铺装。

（2）凿毛处理，主梁顶面凿毛，应清出主梁顶面浮浆、露出混凝土骨料，不得在表面留有已松动的混凝土骨料和杂物等。

（3）钢筋网片安装精度：钢筋焊接网片定位钢筋是否按设计要求设置，钢筋焊接网片的平整度±1 cm（3 m 直尺检测），钢筋焊接网片距离混凝土铺装层上缘净保护层厚度为 3.5 cm，其误差不得超过±1 cm。

（4）表面湿透处理，浇注混凝土前，应检查混凝土表面湿透状况，不得有积水，也不得有未湿透的状况。

（5）预拌混凝土到达施工现场后应逐车检测坍落度、

扩展度、T_{50}，不得发生外沿泌浆和中心骨料堆积现象，也可增加全量检查装置的检查。出站前的坍落度为 14～16 cm，混凝土运输至现场浇注前的坍落度应大于 10 cm，初凝时间大于 3 h。

（6）高性能混凝土含气量与规定值之差不应超过 ±1.5%。

（7）氯离子含量应符合现行国家标准《混凝土结构设计规范》（GB 50010）的要求。

（8）碱-骨料反应检测指标应符合现行国家标准《混凝土结构设计规范》（GB 50010）的要求。

（9）当水泥混凝土铺装层作为面层时，采用 3 m 直尺检测平整度作为桥面铺装混凝土施工过程中的质量检测项目，检测频率为每半幅车道 100 m 2 处 10 尺，3 m 直尺最大间隙 $\Delta h \leqslant 3$ mm，合格率应大于 90%。

（10）按《公路工程水泥混凝土试验规程》（JTJ 053）规定的标准方法检测桥面铺装层混凝土的抗压、抗折强度，检测频率为每班各留 2～4 组抗压、抗折试件。铺装（半幅宽）＜500 m/d，取 2 组；铺装（半幅宽）≥500 m/d，取 3 组；铺装（半幅宽）≥1 000 m/d，取 4 组。

① 抗压强度应同时符合下列两式的规定：

$$m_{f_{cu}} > 1.15 f_{cu,k}\text{，}\quad f_{cu,min} > 0.95 f_{cu,k}$$

式中 $m_{f_{cu}}$——同一验收批混凝土立方体抗压强度的平均值（MPa）；

$f_{cu,k}$——混凝土立方体抗压强度标准值（MPa）；

$f_{cu,\min}$——同一验收批混凝土立方体抗压强度的最小值（MPa）。

② 抗折强度应同时符合下列两式的规定：

$$m_{R_f} > 1.05\,R_f\text{，}\quad R_{f,\min} > 0.9\,R_f$$

式中　m_{R_f}——同一验收批混凝土抗折强度平均值（MPa）；

R_f——混凝土抗折强度标准值（也是设计要求值）（MPa）；

$R_{f,\min}$——同一验收批混凝土抗折强度的最小值（MPa）。

参考资料

[1] 牟廷敏，庄卫林，郑斌，范碧琨，等. 四川省交通厅公路规划勘察设计研究等研究联合体. 山区桥梁水泥混凝土桥面铺装成套技术研究报告. 2009 年 8 月. 课题研究报告.

[2] 牟廷敏，丁庆军，庄卫林，郑斌，罗丁，范碧琨，等. 四川省交通厅公路规划勘察设计研究等研究联合体. 桥梁高性能混凝土制备技术研究报告. 2008 年 9 月. 课题研究报告.

[3] 丁庆军. 武汉理工大学. 高性能混凝土的研究与应用. 2008 年 5 月. 课题研究报告.

[4] 中国建筑标准设计研究院，等. CECS 203：2006 自密实混凝土应用技术规程. 北京：中国计划出版社.

[5] 牟廷敏，范碧琨，丁庆军，等. 桥梁高性能混凝土制备技术. 桥梁，2008.

[6] 马杰，何永佳，丁庆军，等. C80自密实混凝土的研究与应用. 混凝土与水泥制品，2007.

[7] 中国建筑标准设计研究院，等. CECS 202：2006 轻骨料混凝土桥梁技术规程. 北京：中国计划出版社.

[8] 中国建筑标准设计研究院，等. CECS 207：2006 高性能混凝土应用技术规程. 北京：中国计划出版社.

[9] CCES 01—2004 混凝土结构耐久性设计与施工指南. 北京：中国建筑工业出版社.

[10] 中华人民共和国铁道部. 铁建设〔2005〕160号 铁路混凝土结构耐久性设计暂行规定.

[11] 中华人民共和国建设部. JGJ 55—2000 普通混凝土配合比设计规程. 北京：中国建筑工业出版社.

[12] 张应立，杨柏科，申爱琴幅. 现代混凝土配合比设计手册. 北京：人民交通出版社，2002.

[13] 李北星，周明凯，王稷良. 巴东长江公路大桥主梁C60高性能混凝土的研究与应用. 世界桥梁，2008，2：51-54.

[14] 王志忠，吴健. 大掺量粉煤灰在海工耐久混凝土中的应用. 公路，2006，9：104-106.

[15] 王凤喜. 混凝土外观质量缺陷原因分析及应对措施. 西南公路，2005，4（96）：38-40.

[16] 路俊杰. 承台大体积混凝土裂缝产生原因与防治. 西南公路，2006，1（97）：52-54.

[17] JTGD 40—2002 公路水泥混凝土路面设计规范.
[18] CECS 38：2004 纤维混凝土结构技术规程.
[19] YB/T 151—1999 混凝土用钢纤维.
[20] JT/T 524—2004 公路水泥混凝土纤维材料：钢纤维.